河南省清洁取暖系列技术导则

河南省城镇既有居住建筑能效提升技术导则

（试行）

河南省住房和城乡建设厅
2018 年 5 月

图书在版编目(CIP)数据

河南省城镇既有居住建筑能效提升技术导则:试行/河南省建筑科学研究院有限公司主编. —郑州:黄河水利出版社,2018.6

(河南省清洁取暖系列技术导则)

ISBN 978 - 7 - 5509 - 2067 - 5

Ⅰ. ①河⋯ Ⅱ. ①河⋯ Ⅲ. ①居住建筑 - 采暖 - 节能 - 技术规范 - 河南 Ⅳ. ①TU241 - 65

中国版本图书馆 CIP 数据核字(2018)第 141325 号

出　版　社:黄河水利出版社
　　　　　地址:河南省郑州市顺河路黄委会综合楼14层　邮政编码:450003
发行单位:黄河水利出版社
　　　　　发行部电话:0371 - 66026940、66020550、66028024、66022620(传真)
　　　　　E-mail:hhslcbs@ 126. com
承印单位:河南瑞之光印刷股份有限公司
开本:850 mm × 1 168 mm　1/32
印张:0.625
字数:16 千字　　　　　　　　　印数:1—2 000
版次:2018 年 6 月第 1 版　　　　印次:2018 年 6 月第 1 次印刷
定价:15.00 元

河南省住房和城乡建设厅文件

豫建〔2018〕73 号

河南省住房和城乡建设厅关于发布
《河南省城镇既有居住建筑能效提升
技术导则(试行)》的通知

各省辖市、省直管县(市)住房和城乡建设局(委),郑州航空港经济综合实验区市政建设环保局,有关单位:

为贯彻落实中央和省委、省政府加快推进冬季清洁取暖的决策部署,科学引导和规范我省清洁取暖建筑能效提升,有效指导清洁取暖城市试点工作,统筹城市与农村,兼顾增量与存量,从"热源侧"和"用户侧"实施清洁取暖,通过提高"用户侧"建筑能效,有效降低采暖能耗,减少居民采暖成本,实现热源"清洁供、节约用",形成"居民可承受"的持续清洁取暖模式。我厅组织专业团队,深入调查研究,借鉴先进经验,总结实践做法,结合我省实际,编制了河南省清洁取暖建筑能效提升系列技术导则(试行),现将《河南省城镇既有居住建筑能效提升技术导则(试行)》(电子版可在河南省住房城乡建设厅网站下载,网址为 http://www.hnjs.

gov.cn)予以印发,请在工作中参照执行。

附件:《河南省城镇既有居住建筑能效提升技术导则(试行)》

河南省住房和城乡建设厅
2018 年 5 月 14 日

前　言

为贯彻落实冬季清洁取暖决策部署,科学引导我省冬季清洁取暖项目建设,规范指导清洁取暖城市试点建筑能效提升工作,省住房和城乡建设厅组织河南省建筑科学研究院有限公司等单位,在深入调研、借鉴经验、总结实践的基础上,结合我省实际,编制了《河南省既有农房能效提升技术导则(试行)》《河南省城镇既有居住建筑能效提升技术导则(试行)》《河南省既有公共建筑能效提升技术导则(试行)》《河南省新建农房能效提升技术导则(试行)》《河南省清洁能源替代散煤供暖技术导则(试行)》等河南省清洁取暖系列技术导则;通过统筹城市与农村,兼顾增量与存量,提高建筑能效,降低采暖能耗,减少采暖成本,实现热源"清洁供、节约用",形成"居民可承受"的持续清洁取暖模式。

为积极推进我省冬季清洁取暖工作,加快实施"用户侧"建筑能效提升,实现城镇清洁取暖"用得上、用得起、用得好",我们编写了《河南省城镇既有居住建筑能效提升技术导则(试行)》,用于指导我省清洁取暖试点城市的城镇既有居住建筑能效提升,鼓励其他城市的城镇既有居住建筑参照执行。

本导则共 6 章 2 个附表,主要内容是:总则、术语、基本规定、节能诊断、能效提升方案、工程验收评估。

本技术导则技术内容由河南省建筑科学研究院有限公司负责解释。在执行过程中若有意见和建议,请及时反馈至河南省建筑科学研究院有限公司(地址:郑州市金水区丰乐路 4 号,邮编:450053,电话:0371 - 63943958,邮箱:jzynsbs@163.com)。

主编单位:河南省建筑科学研究院有限公司
参编单位:河南省绿建科技与产业化发展中心
　　　　　河南省城乡规划设计研究总院有限公司
　　　　　河南省建筑工程质量检验测试中心站有限公司
参编人员:祁　冰　原瑞增　唐　丽　鲁性旭　侯晓宁
　　　　　杜永恒　朱有志　吴玉杰　李　杰　郑　颖
　　　　　胡道生　严　华　韩　斌　王　凤　张　凯
　　　　　田海涛　李　枫　王新竹　吴　睿　李晓波
　　　　　马喜恩　王希龙　高　鹏　潘玉会　张秋生
　　　　　郑慧研　刘　璐　陈艺林　王　放　貟秀梅

目　录

1 总 则

1.0.1 为贯彻落实国家有关建筑节能的法律、法规和方针政策，推进我省清洁取暖工作，实现城镇既有居住建筑能效提升，制定本导则。

1.0.2 本导则适用于我省清洁取暖试点城市的城镇既有居住建筑能效提升。其他城市的城镇既有居住建筑能效提升可参照执行。

1.0.3 城镇既有居住建筑能效提升除应符合本导则的规定外，尚应符合国家现行有关标准的规定。

2 术　语

2.0.1　既有居住建筑

已建成的包括住宅、宿舍等供人们居住使用的建筑。

2.0.2　既有居住建筑能效提升

对既有居住建筑围护结构的外墙、屋面和外窗等部位进行节能改造,降低建筑能耗、提升建筑能效水平的活动,简称"能效提升"。

2.0.3　清洁取暖

利用天然气、电、地热能、太阳能、工业余热、清洁化燃煤、核能等清洁化能源,通过高效用能系统实现低排放、低能耗的取暖方式,包含以降低污染物排放和能源消耗为目标的取暖全过程,涉及清洁热源、高效输配管网(热网)、节能建筑(热用户)等环节。

2.0.4　节能诊断

依据国家及我省有关标准,对既有居住建筑围护结构的热工性能进行调查、分析及计算,给出建筑物耗热量指标的过程。

2.0.5　能效提升水平(η)

既有居住建筑能效提升实施后的建筑物耗热量指标比实施前的建筑物耗热量指标降低的程度,用百分比表示。

2.0.6　清洁取暖试点城市

为加快推进北方地区清洁取暖工作,从"热源侧"清洁化和"用户侧"建筑能效提升两方面开展清洁取暖试点改造,并通过财政部、住房和城乡建设部、生态环境部、国家能源局四部门组织的竞争性评审,获得中央财政奖补资金的城市。

3 基本规定

3.0.1 能效提升应根据节能诊断结果,从技术可靠性、可操作性和经济性等方面综合分析,选取合理可行的能效提升方案和技术措施,能效提升水平(η)不应低于30%。

3.0.2 能效提升应在不影响原有建筑结构安全、抗震性能、防火性能的前提下进行。

3.0.3 保温材料的燃烧性能、外墙和屋面防火隔离带等保温系统的防火构造设计应符合现行国家标准《建筑设计防火规范》GB 50016和行业标准《建筑外墙外保温防火隔离带技术规程》JGJ 289等的规定。

3.0.4 所用材料和产品应符合设计要求,其性能应符合现行国家标准的要求,严禁使用禁止和淘汰的材料和产品。

3.0.5 物业管理应建立清洁取暖相关档案,便于项目后期跟踪、评估与管理。

4 节能诊断

4.0.1 能效提升实施前,应进行节能诊断。节能诊断应采用现场调查和抽样检测的方法,且抽样比例不低于能效提升工程数量的10%。

4.0.2 既有居住建筑能效提升现场调查表应按照附表 A 填写相应的内容。

4.0.3 节能诊断后应出具节能诊断报告,报告应包含下列内容:

    1 工程概况;

    2 现状调研;

    3 节能诊断结果。

5 能效提升方案

5.1 一般规定

5.1.1 应根据节能诊断情况确定能效提升方案,对建筑物耗热量指标影响大、改造工程量小的部位优先进行改造。

5.1.2 能效提升方案应确定改造部位的材料、厚度等热工性能参数,并提供改造部位的构造措施和节点做法。

5.1.3 能效提升宜与供暖通风与空气调节系统、供配电与照明系统、供水系统、监测与控制系统等改造内容同步实施。

5.1.4 能效提升工程施工前应编制专项施工方案,并按方案施工。

5.1.5 能效提升工程施工前应按照相关规定做好安全防护。

5.1.6 能效提升工程施工质量应符合现行国家标准《建筑节能工程施工质量验收规范》GB 50411 的要求。

5.2 外　墙

5.2.1 外墙节能改造应采用符合相关标准规定的保温系统和技术措施,并应优先选用外墙外保温系统。

5.2.2 外墙外保温系统节能改造应满足现行行业标准《外墙外保温工程技术规程》JGJ 144 的要求。

5.2.3 外墙外保温系统和组成材料的性能应符合现行国家标准的规定。

5.2.4 采用外墙外保温系统时,施工前应检查墙体表面质量并做好以下工作:

1 清除墙面上的起鼓、开裂砂浆；修复原围护结构裂缝、渗漏，填补密实墙面的缺损、孔洞，修复损坏的砌体；修复冻害、析盐、侵蚀所产生的损坏；

2 清洗原围护结构表面油污及污染部分，采用聚合物砂浆修复不平的表面。

5.2.5 采用外墙外保温系统时，应做好屋檐、门窗洞口的滴水等构造节点的设计和施工，避免雨水沿外墙顺流，侵蚀破坏外墙外保温系统。

当没有地下室时，勒脚部位保温层应延伸至散水以下 500 mm，并做好保护措施，避免雨水侵蚀建筑基础和保温层。

5.2.6 施工前应制作样板墙，验收合格后方可大面积施工。

5.3 外门窗

5.3.1 外门窗节能改造需综合考虑安全、节能、隔声、通风、采光等性能要求。改造后门窗整体性能应符合相关标准的要求。

5.3.2 外门窗节能改造应优先选择塑料、断热铝合金、铝塑复合、木塑复合等门窗框型材。

5.3.3 对外窗进行能效提升改造时可根据具体情况确定，可选用下列措施：

1 整窗拆除，更换为中空玻璃窗或三玻两腔中空玻璃窗等节能窗；

2 在窗台空间允许的情况下，在原有外窗的基础上增设一层新窗；

3 在原有玻璃上贴膜或镀膜。

5.3.4 更换新窗时，窗框与墙体之间的缝隙应采用高效保温材料封堵密实，并用耐候密封胶嵌缝。

5.3.5 对外窗进行遮阳节能改造时，应优先采用外遮阳措施。增设外遮阳时，应确保结构的安全性。

5.3.6 单元门应采用自闭式单元门;与非供暖楼梯间、走道、门厅等非采暖空间相邻的户门应采用保温门。

5.3.7 更换的外窗和透明幕墙应满足下列要求:

   1 外窗的气密性分级应符合现行国家标准《建筑外门窗气密、水密、抗风压性能分级及检测方法》GB/T 7106 的规定,1~6 层建筑的外窗及敞开式阳台门的气密性等级不应低于上述标准规定的 6 级;7 层及 7 层以上建筑的外窗及敞开式阳台门的气密性等级不应低于上述标准规定的 7 级;

   2 透明幕墙的气密性等级应符合现行国家标准《建筑幕墙》GB/T 21086 中的第 5.1.3 条的规定且不应低于 3 级。

5.4 屋 面

5.4.1 屋面保温改造宜在原有屋面上进行,不宜改动原构造层。

5.4.2 平屋面表面平整、无渗漏,宜在原屋面上增设保温层和保护层,形成倒置式屋面构造形式,改造部位应符合现行行业标准《倒置式屋面工程技术规程》JGJ 230 的规定;如屋面渗漏,应修复后施工。

   上人屋面临空处防护栏杆高度须满足相关标准要求。

5.4.3 坡屋面可在屋顶吊顶上铺设轻质保温材料;无吊顶时,可在坡屋面下增加或加厚保温层或增加吊顶,并在吊顶上铺设保温材料。保温材料的燃烧性能应满足现行国家标准《建筑内部装修设计防火规范》GB 50222 的相关要求。

5.4.4 屋面节能改造应符合现行国家标准《屋面工程技术规程》GB 50345 的规定。

6 工程验收评估

6.1 质量验收

6.1.1 能效提升工程的质量验收应符合现行国家标准《建筑节能工程施工质量验收规范》GB 50411 的规定。

6.1.2 质量验收资料应包含与能效提升相关的主要材料、设备构件的质量证明文件、进场检验记录、进场核查记录、进场复验报告、施工质量验收记录、项目隐蔽工程验收记录等。

6.2 型式检查

6.2.1 质量验收后,应对能效提升工程的改造实施情况进行型式检查。

6.2.2 能效提升工程应做到手续齐全,资料完整。型式检查应包括以下主要内容:

    1 能效提升方案及相应的设计文件;

    2 能效提升工程竣工验收报告;

    3 实施量核查,见附表 B;

    4 其他相关文件和资料。

6.2.3 型式检查后,应出具型式检查报告。

6.3 效果评估

6.3.1 型式检查后,应对能效提升工程进行效果评估。

6.3.2 能效提升水平应按建筑物耗热量指标进行核定,并按下列公式进行计算:

$$\eta = \frac{q_{H1} - q_{H2}}{q_{H1}} \times 100\% \qquad (6.3.2)$$

式中　η——能效提升水平(%)，η 不应低于30%；

$\quad\quad q_{H1}$——能效提升实施前的建筑物耗热量指标(W/m^2)；

$\quad\quad q_{H2}$——能效提升实施后的建筑物耗热量指标(W/m^2)。

6.3.3　q_{H1}、q_{H2} 应依据地方标准《河南省居住建筑节能设计标准（寒冷地区）》DBJ 41/ 062 – 2005 进行计算。

附表 A 城镇既有居住建筑能效提升现场调查表

项目名称		项目地址	
建筑面积		竣工日期	
项目单位		联系人/联系方式	

结构形式:砖混结构□ 剪力墙结构□ 框架结构□ 框剪结构□
　　　　其他(请注明):_____

节能情况:未执行节能标准□
　　　　执行《河南省居住建筑节能设计标准(寒冷地区)》DBJ 41/062 – 2005□
　　　　执行《河南省居住建筑节能设计标准(寒冷地区)》DBJ 41/062 – 2012□

外围护结构现状:

外墙	1.基层墙体材料: 2.墙体材料厚度(mm): 3.保温层材料: 4.保温层材料厚度(mm):
外窗	1.选用型材及玻璃: 2.开启方式:平开□ 推拉□
外门	单层木门□ 双层木门□ 单层铝门□ 双层铝门□ 塑钢门□ 金属门□ 其他(请注明):_____
屋面	1.平屋面□ 坡屋面□ 2.屋面结构层材料: 3.结构层材料厚度(mm): 4.保温层材料: 5.保温层材料厚度(mm):

附表 B 城镇既有居住建筑能效提升实施量核查表

项目名称		项目地址	
总建筑面积(m²)		改造建筑面积(m²)	
设计单位		施工单位	
项目单位		联系人/联系方式	
改造部位	A.外墙□　B.外窗□　C.外门□　D.屋面□		
外墙	1.保温系统: 2.各构造层材料及厚度: 3.保温层材料的导热系数(W/(m·K)): 　　蓄热系数(W/(m²·K)):　　热惰性指标: 4.实施量(m²):		
外窗	1.改造方式:拆除旧窗,安装新窗□　不拆除旧窗,加装一层窗□ 　　　　　　加保温窗帘□　原窗玻璃上贴膜或镀膜□ 2.改造所用型材及玻璃: 3.外窗的传热系数(W/(m²·K)):　　综合遮阳系数: 4.改造数量(包括外窗尺寸、樘数及所在朝向):		
外门	1.改造方式:旧门拆除,安装新门□　加装门□　加门帘□ 2.外门的传热系数(W/(m²·K)): 3.改造数量及面积: 4.其他说明:		
屋面	1.各构造层材料及厚度: 2.保温层材料的导热系数(W/(m·K)): 　　蓄热系数(W/(m²·K)):　　热惰性指标: 3.实施量(m²):		

注:1.本表中所涉及的单位名称须使用全称;
　　2.进行现场核查时应收集齐全相关资料。